ÉCLAIRAGE ÉLECTRIQUE

Éclairage électrique dans une maison. (Les lampes sont manœuvrées à l'aide de l'allumeur-extincteur Radiguet, v. p. 47.

BIBLIOTHÈQUE DES ACTUALITÉS INDUSTRIELLES
— N° 11 —

L'ÉCLAIRAGE ÉLECTRIQUE

DANS LES APPARTEMENTS

PAR P. JUPPONT
INGÉNIEUR DES ARTS ET MANUFACTURES
MEMBRE DE LA SOCIÉTÉ INTERNATIONALE DES ÉLECTRICIENS

ET

W. HAMMOND
INGÉNIEUR ÉLECTRICIEN

Ouvrage illustré de 15 figures

PARIS
BERNARD TIGNOL, ÉDITEUR
45, QUAI DES GRANDS-AUGUSTINS

1886

L'ÉCLAIRAGE ÉLECTRIQUE

DANS LES APPARTEMENTS

INTRODUCTION

L'intérêt qui s'est produit, lors de notre dernière Exposition d'électricité, au sujet de la lumière électrique, a fait chaque jour de nouveaux progrès, et depuis cette époque, toutes les personnes, qui s'occupent de cette question, s'ingénient à faciliter dans nos appartements l'application de cette lumière qui offre tant d'avantages. — Déjà aux États-Unis et en Angleterre, nombre de maisons particulières sont pourvues de ce mode d'éclairage; chez nous il n'en existe que fort peu encore : cependant chacun le désire, et le temps n'est certainement pas éloigné où cet éclairage nous sera aussi familier que ceux dont nous nous servons. actuellement.

Sous le titre de *The Electric Light in our Homes* M. Hammond, ingénieur-électricien anglais, vient de faire paraître un recueil des conférences qu'il a faites sur l'emploi de la lumière électrique dans les habitations particulières, recueil très intéressant auquel nous avons fait de larges emprunts pour notre première partie.

En dehors des moyens de production d'électricité proposés par M. Hammond, et dont l'exécution rencontrera, nous le craignons, de nombreuses difficultés, nous donnerons, pour l'éclairage de nos appartements, la préférence aux piles électriques. Les nombreux perfectionnements dont ces générateurs d'électricité ont été récemment et sont encore chaque jour l'objet, nous permettent d'affirmer que c'est dans les piles électriques qu'il faut chercher la solution de l'éclairage domestique. Les expériences nombreuses, nous pouvons même dire les applications pratiques que nous en avons faites nous-même, ne nous laissent aucun doute à cet égard.

La question des stations centrales d'électricité, spécialement en ce qui concerne Paris, tardera sans doute longtemps avant de recevoir une solution pratique, et nous verrons probablement encore s'écouler bien du temps avant que l'électricité passe devant nos portes comme il en est aujourd'hui pour le gaz et l'eau. Quant à l'installation de moteurs à vapeur ou à gaz dans les maisons particulières, et sans tenir compte des difficultés et des dangers que présentent de semblables installations, la disposition et le mode d'habitation de nos maisons ne sauraient en général le permettre. Ce qui est possible en Amérique ou en Angleterre, où, pour ainsi dire, chaque famille un peu aisée occupe seule une maison indépendante, séparée de sa voisine par un jardin plus ou moins étendu, est impraticable dans la presque totalité de nos demeures, principalement dans les quartiers où la lumière électrique rencontrera le plus de faveur. Il nous faut donc pour l'éclairage de nos demeures recourir à l'emploi des piles électriques, et, comme nous le disions tout à l'heure, cette question est une de celles que nous pouvons à peu près considérer comme pratiquement résolue.

PREMIÈRE PARTIE

LA LUMIÈRE ÉLECTRIQUE ET L'HYGIÈNE

CHAPITRE PREMIER

Introduction.

Le degré de civilisation d'un peuple peut assez exactement s'apprécier par le mode d'éclairage dont il fait usage : et, de fait, si l'on considère les divers moyens employés à cet effet par les différents peuples de la terre, on est porté à admettre que cette assertion ne manque pas de fondement.

Mais, quel que soit le mode de lumière employé en dehors de celui qui nous occupe, huile de phoque chez les Lapons, ou gaz de houille dans nos villes, les moyens actuellement en usage possèdent tous le même vice, vice des plus graves pour notre santé, vice qu'aucun perfectionnement ne pourra leur enlever, et qui devrait suffire à lui seul pour les faire bannir de nos demeures. — Ce vice, c'est que le plus ou le moins de clarté que donnent toutes les lumières dont nous nous servons, dépend du plus ou du moins d'oxygène qu'elles enlèvent à l'air que nous respirons, ce qui revient à dire : que mieux une maison est éclairée, plus elle est insalubre pour les personnes qui l'habitent.

En effet, prenons la lumière la plus généralement répandue, la lumière produite par le gaz de houille, et examinons ce qui se passe dans la production de l'éclairage par ce moyen.

Cent volumes de gaz de houille ont la composition générale moyenne suivante :

Hydrogène.	47
Gaz des marais.	42
Hydrocarbures lourds.	3
Oxyde de carbone	8
	100

Dès que nous ouvrons le robinet du bec de gaz, ces matières se précipitent aussitôt dans l'atmosphère, emportant avec elles des éléments qui auraient pour fin l'explosion ou l'asphyxie, si nous n'y mettions promptement bon ordre par un moyen que nous connaissons tous, l'allumage, qui change la nature de ces éléments. Mais ce changement ne se produit que lorsque la chaleur a atteint un degré suffisant pour opérer la combinaison de ces éléments avec l'oxygène de l'air. La principale combinaison est celle de l'hydrogène. Lorsque la chaleur du bec est arrivée à un point suffisant, cette combinaison se produit : elle se continue tout le temps que le bec reste allumé, et les produits de cette combinaison se répandent en vapeurs dans la pièce où le gaz brûle, pour venir se condenser, sous forme d'eau, sur les surfaces qu'elles rencontrent : murs, meubles, rideaux, tentures, tableaux, tapis, etc.

La chaleur produite par la combinaison de l'hydrogène et de l'oxygène amène également celle des hydrocarbures, qui représentent la majeure partie du pouvoir éclairant du gaz, et le produit de cette deuxième combinaison avec l'oxygène constitue l'acide carbonique, matière peu compatible avec les fonctions de notre organisme. Un certain nombre de particules de carbone, entraînées trop rapidement en dehors de la flamme par la pression du gaz pour opérer leur combustion, se déposent à l'état de noir de fumée sur les surfaces qu'elles rencontrent ; enfin, l'oxyde de carbone, le plus délétère de tous les gaz, passe presque en entier dans l'appartement, sans éprouver aucun changement d'état ; et c'est lui qui est une des principales causes des maux de tête, migraines, vertiges et asphyxies qui sont la conséquence certaine d'un séjour prolongé dans un appartement éclairé par le gaz de houille.

Si l'on considère donc, d'un côté, que l'hydrogène et la presque totalité du carbone ne peuvent produire de lumière qu'en consommant de l'oxygène ; de l'autre, que l'acide carbonique est composé de près de trois parties d'oxygène pour une de carbone, on peut se faire une idée de la diminution considérable d'oxygène qui aura lieu dans une pièce tant que le gaz y brûlera, et de l'augmentation en gaz dangereux qui en sera la contre-partie.

L'air normal contient environ $\frac{4}{10.000}$ d'acide carbonique ; de l'air contenant $\frac{1}{1.000}$ d'acide carbonique peut être considéré comme vicié ; à $\frac{1}{100}$ l'atmosphère est délétère et peut occasionner l'asphyxie.

Mais le gaz a encore d'autres inconvénients ; en effet, en dehors des matières que nous venons d'indiquer, il renferme des quantités notables d'autres gaz également nuisibles, qui dépendent autant de la nature du charbon employé dans sa fabrication que du degré d'épuration auquel il a été soumis ; parmi ces gaz se trouvent plus fréquemment l'hydrogène sulfuré et le sulfure de carbone. Sous l'influence de la chaleur, ces deux corps sont inflammables, et leur combinaison avec l'oxygène donne naissance à des produits qui sont non seulement des plus nuisibles à notre santé, mais qui ont encore pour effet de soumettre tous les objets qui constituent notre ameublement à une destruction lente, mais certaine.

Les personnes qui emploient, pour s'éclairer, l'huile, la bougie ou toute matière autre que le gaz, se réjouissent sans doute d'avoir proscrit ce dernier de leurs demeures. Elles doivent perdre leurs illusions à cet égard : à lumière égale l'huile, la bougie, etc., consomment une plus grande quantité d'oxygène que le gaz lui-même, et l'atmosphère où ces matières servent à l'éclairage devient rapidement aussi pernicieuse.

Le tableau suivant montre, en effet, la quantité d'oxygène consommé et d'acide carbonique produit, et, par suite, le volume d'air, vicié par la combustion de la quantité de ces différents corps, nécessaire pour produire, pendant une heure, une lumière équivalente à celle produite par un bec de gaz.

	OXYGÈNE CONSOMMÉ en LITRES	ACIDE CARBONIQUE produit en LITRES	AIR VICIÉ en LITRES	CALORIES DÉGAGÉES
Gaz	93	56	450	550
Huile	130	94	675	580
Essence minérale	180	130	940	830
Paraffine	162	132	950	840
Cire	230	167	1,190	960
Stéarine	240	175	1,240	940
Suif	340	245	1,650	1260
Lumière électrique.	Pas	Pas	Pas	34

Il n'y a qu'un moyen d'échapper à tous ces dangers, c'est d'employer une lumière parfaite.

Une lumière parfaite ne doit pas consommer d'oxygène ;

Elle ne doit ajouter aucune matière à l'air que nous respirons;

Elle ne doit apporter avec elle aucun élément de danger, soit pour la vie, soit pour la santé;

Elle doit produire une clarté agréable, et demeurer entièrement soumise à la volonté de celui qui l'emploie;

Enfin elle ne doit pas être d'un prix qui constitue un obstacle à son usage journalier.

Cette lumière existe-t-elle? — Oui, elle existe. Elle existe dans l'emploi des lampes électriques à incandescence dans le vide, qui remplissent rigoureusement toutes ces conditions, ainsi que nous allons le démontrer.

CHAPITRE II

La lumière et l'oxygène.

Une lumière parfaite ne doit pas consommer d'oxygène, c'est-à-dire ne pas soustraire à l'air que nous respirons la partie qui nous est la plus essentielle.

La lumière électrique par incandescence dans le vide remplit indiscutablement cette condition. Elle ne saurait exister autrement. Toute consommation d'oxygène, aussi minime qu'elle puisse être, est pour elle un arrêt de mort suivi d'exécution immédiate. En effet, si le filament de charbon que renferme une lampe de ce genre, et qui produit la lumière par échauffement, se trouvait en contact avec l'oxygène, ne fût-ce qu'une fraction de seconde, il serait à l'instant consumé, et avec lui disparaîtrait toute trace de lumière. La privation la plus absolue de toute trace d'oxygène est donc la condition *sine qua non* de son existence, et en fait, dans cette lumière, nous constatons le phénomène chimique inverse de toutes les autres lumières que nous employons actuellement : l'oxygène est pour celles-ci un élément de vie indispensable, tandis que pour la lumière électrique par incandescence dans le vide, c'est une cause absolue de mort.

La lumière électrique ne consomme donc pas d'oxygène.

CHAPITRE III

Modifications apportées à l'air que nous respirons.

Une lumière parfaite ne doit ajouter aucune matière à l'air que nous respirons.

Ici, comme tout à l'heure, la lumière électrique remplit cette condition de la lumière parfaite. N'empruntant rien à l'atmosphère, elle ne saurait rien y ajouter. Hermétiquement scellée dans son enveloppe de verre, pour les besoins mêmes de son existence, elle ne laisse rien échapper de ce qui se passe en elle : et en fait, il ne s'y passe rien, en dehors de l'échauffement produit par le passage du courant électrique. Quoique très violent pour le filament de charbon, cet échauffement se fait à peine sentir à l'extérieur, car, par le tableau qui précède, on peut voir qu'à lumière égale, la lumière électrique ne développe pas la quinzième partie de la chaleur que produit le gaz.

Nous avons même entendu des personnes reprocher à la lumière électrique ce défaut de chaleur et dire que le gaz leur servait en même temps d'éclairage et de chauffage.

Mauvais marchand de sa santé celui qui spécule sur une économie de ce genre : entre le charbonnier et le médecin le choix sera pour nous facile à faire.

La lumière électrique n'ajoute donc aucune matière à l'air que nous respirons. Et, ici, surtout, combien est grande la différence avec le gaz ! Sans revenir sur les matières nuisibles que ce dernier répand dans l'atmosphère et dont nous avons déjà donné le tableau, nous dirons encore quelques mots sur un point qui passe, en général, inaperçu, et qui a cependant une importance assez considérable.

Nous avons dit plus haut que l'hydrogène du gaz se combinant avec l'oxygène produisait de l'eau ; mais on ne se fait généralement pas une idée de la quantité énorme d'eau que cette combinaison peut produire. Un bec de gaz produit facilement *un litre et demi d'eau à l'heure* : et quelle eau ! Les composés de soufre, dont nous avons parlé, s'oxydant sous l'influence de la chaleur, produisent de l'acide sulfurique, de telle sorte qu'une salle où 100 becs de gaz auront brûlé de cinq heures à minuit aura reçu dans sa soirée 700 à 800 litres d'eau acidulée sulfurique, capable de détruire toute matière organique et même d'attaquer les métaux. Cette eau sera en partie introduite sous forme de vapeurs, par la voie respiratoire, dans l'organisme des personnes présentes auxquelles cette absorption ne fera que peu de bien ; quant au reste, il viendra se condenser sur toutes les parties de la salle auxquelles il causera de graves dommages. Ces chiffres pourront paraître considérables, ils sont cependant exacts. Ils ont été contrôlés par des savants, dont l'autorité ne peut être mise en doute. Il en est de même de ceux que nous avons donnés dans le tableau qui précède.

En ce qui concerne la chaleur et l'acide carbonique dégagés par le gaz, par rapport à la lumière électrique, nous n'avons qu'à donner les résultats de l'expérience suivante, faite à Birmingham, pour que chaque lecteur puisse facilement établir la comparaison entre ces deux modes d'éclairage.

L'éclairage d'une salle de concert a été comparativement fait avec le gaz et la lumière électrique, la salle contenant, dans les deux cas, très approximativement, le même nombre d'assistants.

Avec l'éclairage au gaz, la température, près du plafond,

s'élevait de 60 à 100 degrés Fahrenheit, au bout de trois heures d'éclairage. L'échauffement équivalait à une augmentation de 4,300 personnes dans l'assistance, qui se composait normalement de 3,100 personnes. L'atmosphère était, en outre, viciée par l'acide carbonique, comme s'il y avait eu 3,600 personnes de plus.

Avec la lumière électrique, la température ne s'éleva que de un degré et demi, après sept heures d'éclairage ; quant à l'acide carbonique, il ne représentait que celui dégagé par les personnes présentes, les lampes électriques à incandescence dans le vide ne pouvant en produire en si minime quantité que ce soit.

CHAPITRE IV

Dangers de l'emploi du gaz.

Une lumière parfaite ne doit apporter avec elle aucun élément de danger soit pour la vie, soit pour la santé.

Ce point est un des plus importants que nous ayons à traiter : il nous est donc indispensable de démontrer d'une façon péremptoire, que non seulement l'introduction de la lumière électrique dans nos appartements n'y apporte aucun élément de danger, mais encore qu'elle fait disparaître tous ceux qui proviennent des diverses matières que nous employons actuellement pour nous éclairer.

Bien que l'industrie du gaz soit en plein développement depuis bientôt cinquante années, il n'est guère de jour où cet agent d'éclairage ne soit la cause de nombreux accidents. Ils sont même devenus tellement fréquents, qu'à moins de malheurs publics, ce sont des faits divers sans importance et indignes de remplir les colonnes de tout journal bien informé. Par contre, que le moindre accident, ayant une apparence d'électricité pour cause, vienne à se produire, mille bouches s'en emparent, le colportent et le commentent en l'exagérant.

En dehors de la nouveauté qui s'attache aux accidents de ce genre et qui peuvent intéresser le public par leur rareté même, il ne faut pas perdre de vue que la question d'intérêt matériel peut jouer ici un certain rôle. Le nombre de personnes précuniairement intéressées dans l'électricité est assez limité ; il n'en est point de même pour le gaz ;

car, sans compter les capitalistes, qui entassent dans leurs portefeuilles un nombre considérable d'actions des Sociétés de gaz de tous les pays, combien de petites bourses établissent-elles leur budget sur le revenu de ces mêmes actions! Le moindre progrès dans l'électricité fait trembler tout leur système économique, et il est facile de comprendre avec quelle joie elles accueillent et propagent à l'envi toute nouvelle qui peut servir à entraver la marche d'un ennemi dont elles sentent l'envahissement fatal.

Il convient cependant d'avouer que la lumière électrique a été la cause de quelques accidents sérieux ; mais ces accidents se sont produits, dans des conditions spéciales dont nous allons parler, et point du tout de celles que nous établirons pour l'éclairage électrique de nos appartements.

Il existe une opinion assez généralement répandue, qui consiste à admettre qu'il y a danger sérieux, même danger de mort, à toucher les fils conducteurs d'un courant électrique, faible ou fort. Cette croyance ne repose cependant sur aucun fondement ; il n'y a absolument aucun danger à servir de fermeture à un circuit électrique dont la tension ne dépasse pas une certaine mesure, même d'une machine qui aurait une force électromotrice de 100 volts et un courant de 650 ampères, soit 65,000 watts, ou capable de produire une force équivalente à près de 100 chevaux-vapeur.

Les accidents qui ont eu lieu, dont quelques-uns, assez rares cependant, ont été suivis de mort, étaient dus à ce que les fils, qui ont été touchés par ces personnes, servaient à l'alimentation de plusieurs lampes à arc en tension, et transportaient des courants qui dépassaient 500 et même 1,000 volts.

Pour les lampes à incandescence, de pareilles tensions n'auraient aucun avantage : les basses tensions de 20 à

50 volts conviennent parfaitement, et, avec elles, il n'existe aucun danger, même en touchant les fils.

Enfin il faut ajouter ce point très important, c'est que les accidents n'ont eu lieu que parce que les fils qui en ont été la cause n'étaient recouverts d'aucune matière isolante ; et, bien que, pour les courants de basse tension, cette isolation ne soit pas nécessaire, cependant, pour éviter même jusqu'à l'idée du danger, nous couvrirons avec soin d'une matière isolante tous les fils placés dans nos maisons, tout en déclarant qu'on peut sans inconvénient les toucher à nu, par suite des basses tensions des courants qui les parcourent; et que, même traversés par des courants de très haute tension, ils ne présentent aucun danger, s'ils sont convenablement isolés.

Quant aux dangers d'incendie, rien à craindre du côté de la lampe par suite de sa fermeture hermétique. Il n'y a donc à redouter que l'échauffement, pour une cause quelconque, des fils conducteurs de l'électricité, et rien n'est plus facile que de prévenir de ce côté toute éventualité d'accident.

Cet échauffement ne peut pour ainsi dire jamais se produire, si l'on emploie des piles électriques disposées selon la force de l'éclairage que l'on veut obtenir, et dont le débit d'électricité est en quelque sorte réglé par les lampes mêmes qu'il alimente; mais en serait-il autrement pour une cause quelconque, et le courant viendrait-il subitement à augmenter dans des proportions telles que les fils conducteurs dussent forcément chauffer et rougir, que rien n'est plus simple que de prévenir un accident : il suffit d'intercaler à la sortie du générateur d'électricité, et encore dans toute autre partie du circuit que l'on voudra, un coupe-circuit, c'est-à-dire un fil de plomb, ou de toute autre matière conductrice de l'électricité, facilement fusible, reliant les deux bouts d'un des fils conducteur, fil dont le diamètre sera calculé pour permettre le passage d'un courant déterminé, et sans action calorifique possible sur les fils conduisant aux lampes le courant électrique, mais qui, par contre, ne saurait être traversé par un courant plus fort et par suite dangereux, sans être assez échauffé lui-même par le passage de ce courant pour fondre, se rompre, et, par suite, interrompre toute communication entre le générateur d'électricité et les fils disposés dans nos appartements.

Mais nous ne saurions trop le répéter, cette précaution, que nous emploierons pour éviter toute possibilité d'un accident même le moins probable, est loin d'être une nécessité, pas plus que l'isolation des fils de basse tension ; et tout électricien qui apportera le moindre soin dans l'installation de l'éclairage électrique saura éviter, je ne dirai pas toute cause de danger, mais même de mécompte dans la régularité du service de l'éclairage.

Donc pas de danger d'incendie. En est-il ainsi, par contre, avec les autres matières actuellement employées pour l'éclairage ?

Sans parler du pétrole et de l'essence minérale, et des catastrophes dont ils ont été la cause, que dire de celles qui ont été produites par le gaz? La liste des maisons détruites remplirait facilement plusieurs pages de cette brochure sans compter le nombre des personnes dont la mort a été la suite d'asphyxies ou d'explosions ayant le gaz pour cause. Avec la lampe électrique, pas d'incendie possible ; il est même, on peut dire, impossible d'allumer quoi que ce soit.

Toute solution de continuité dans son enveloppe la détruisant immédiatement et infailliblement, on peut impunément les casser tout allumées au milieu de matières inflammables.

Quant aux explosions que peut produire l'électricité, nous

pensons qu'il est inutile d'insister sur ce point; l'emploi de la lumière électrique ne peut donner lieu à aucune explosion. Par conséquent, pas de danger d'incendie, pas de danger pour la santé : la lumière électrique n'apporte dans nos demeures aucun élément de danger.

CHAPITRE V

La lumière et la vue.

Cette lumière doit produire une clarté agréable; elle doit être entièrement soumise à la volonté de celui qui l'emploie.

Beaucoup de personnes, sans connaître du reste la question — car elles auraient une opinion toute différente — déclarent que la lumière électrique est désagréable à l'œil et fatigue la vue. N'ayant jamais vu que des lampes électriques à arc ou des bougies électriques, elles émettent cette opinion, sans se rendre compte que ce ne sont point des lumières de ce genre, fort propres d'ailleurs pour certains éclairages extérieurs, que nous voulons introduire chez nous, mais des lampes à incandescence dans le vide dont le pouvoir lumineux dépend absolument des personnes qui s'en servent.

Saurait-il, au contraire, y avoir une lumière plus agréable à l'œil et qui fatigue moins la vue? — Lumière absolument fixe dans tous les degrés de puissance pour laquelle on la règle, forte ou faible à volonté, éclatante comme le soleil ou réduite à l'état de ver luisant, insensible à toutes les actions extérieures, naissant, disparaissant ou renaissant à volonté, ce qui n'est pas une des moindres causes d'admiration qu'elle provoque, même chez les personnes qui s'en servent journellement. Et, de fait, cette qualité est admirable. Couché dans votre lit, vous pouvez, aussi rapidement que la volonté même, éclairer, autant de fois que vous le voulez, tout ou partie de votre maison, ou la plonger dans les ténèbres.

Cette lumière est la plus agréable, nous pouvons dire la plus docile des lumières, et il faut ne s'en être jamais servi pour oser dire le contraire.

CHAPITRE VI

Le prix de la lumière électrique est-il un obstacle à son emploi ?

Enfin son prix ne doit pas être un obstacle à son emploi.

Ce point a, en effet, son importance : et, pour examiner la question à ce point de vue, nous prendrons le gaz pour terme de comparaison.

Peut-on produire la lumière électrique au prix du gaz?

Actuellement et sans savoir ce que l'avenir nous réserve, nous pouvons répondre avec certitude : Oui, on peut produire la lumière électrique au prix du gaz, même en la divisant comme le gaz.

Nous ajouterons que même d'un prix supérieur au gaz en apparence, la lumière électrique est en réalité beaucoup plus économique, si nous tenons le moindre compte de tous les dégâts que le gaz occasionne dans nos appartements et des dépenses qui en sont la conséquence.

Quant à la question de santé, si nous examinions, comme il conviendrait de le faire, les éléments dangereux que l'emploi du gaz introduit fatalement avec lui dans nos demeures et les effets nuisibles pour notre santé qui en sont la conséquence fatale, nous le repousserions avec énergie, dût-on nous le donner pour rien.

Quelle est la mère qui donnerait à son enfant une nourriture qu'elle saurait dangereuse pour sa santé, parce qu'elle l'aurait à meilleur compte; et cependant, c'est ce que nous faisons chaque jour avec le gaz.

Si nos moyens ne nous permettent pas le luxe de lumières nombreuses, prenons-en un moins grand nombre, mais choisissons celles qui ne peuvent avoir une influence fâcheuse sur notre santé; chassons le gaz de nos demeures, remplaçons-le par cette lumière dont nous venons de voir les avantages, et dont les qualités, on peut presque l'affirmer, ne sauront jamais être dépassées par aucune autre lumière qui puisse sortir de la main de l'homme. Le XIXe siècle a développé le transport rapide des personnes et des idées par la vapeur, le télégraphe et le téléphone; dans la lumière électrique, il aura inauguré la lumière de l'avenir.

W. HAMMOND.

DEUXIÈME PARTIE

PRODUCTION DE LA LUMIÈRE ÉLECTRIQUE DANS LES APPARTEMENTS

CHAPITRE PREMIER

Des piles.

Jusqu'à ce jour, il n'a été établi en France que quelques stations centrales d'électricité distribuant la force et la lumière, comme le font aujourd'hui pour le gaz, les usines et les canalisations installées dans toutes nos grandes villes.

Plusieurs raisons peuvent expliquer ce fait déplorable, mais il serait beaucoup trop long de les développer ici; constatons seulement qu'aujourd'hui le consommateur d'énergie électrique doit être, le plus souvent, producteur. Que dirait-on, ou plutôt, qu'aurait-on dit au commencement de ce siècle, s'il avait été interdit de canaliser le gaz, si chaque consommateur avait été obligé de distiller la houille chez lui, de la purifier pour éclairer ses ateliers, ses appartements ? A quel prix chaque particulier aurait-il établi son éclairage? Autant de questions auxquelles le lecteur répondra lui-même en disant logiquement que le gaz produit eût été défectueux, qu'il serait revenu beaucoup plus cher... etc., etc.; et nous avons le regret de constater que cette supposition, est aujourd'hui la situation dans laquelle se trouve l'électricité, situation qui menace de durer encore de longues années.

Malgré les conditions défectueuses dans lesquelles on peut produire l'électricité, elle lutte cependant dans certains cas avec avantage sur le gaz, au seul point de vue de l'économie sur le prix de revient d'éclairage, sans parler des nombreux avantages qu'elle procure; souvent ces qualités sont telles que, malgré un prix de revient un peu plus élevé, on préfère l'éclairage électrique à tout autre mode de production de la lumière, surtout dans les appartements, où l'on recherche les meilleures conditions hygiéniques, en un mot le confortable et le bien-être.

Comment développer, dans ce cas, l'énergie nécessaire à la production de la lumière.

A moins d'une installation importante, l'éclairage d'un hôtel tout entier, par exemple, nous devons écarter tout générateur mécanique d'électricité. Le développement de la force motrice étant un obstacle à une installation de ce genre, et par les soins constants qu'elle exige, et par le prix d'établissement d'autant plus élevé, toutes proportions gardées, que le nombre de lampes est plus petit.

Les piles hydro ou thermo-électriques restent donc seules applicables, mais ces dernières donnent des courants d'une force électromotrice si petite, le prix de revient de l'unité de courant est si élevé, qu'il faut renoncer à leur emploi, malgré les avantages qu'elles présenteraient pour l'éclairage domestique. Leur mise en fonction est, en effet, à la portée de tout le monde, puisqu'il suffit d'allumer un bec de gaz; leur entretien est nul et le courant fourni très constant. A cet égard elles sont préférables aux piles hydro-électriques, qui exigent des manipulations, des transvasements de liquides, remplacement, amalgamation des zincs... etc., et dont la polarisation vient gêner le fonctionnement. Peut-être qu'en les combinant à des réchauds à gaz et en employant le courant fourni à charger des accumulateurs, on trouverait une économie ou tout au moins un moyen pratique d'utilisation. Nous n'avons aucune donnée à cet égard. Ainsi les piles hydro-électriques restent seules capables de satisfaire aux exigences de ce cas spécial. C'est ce qui explique les modifications, les perfectionnements, les recherches incessantes dont elles sont l'objet. S'il est très commode de n'avoir qu'à mettre deux corps en présence pour obtenir de la lumière; l'éclairage direct par ces générateurs présente cependant quelques inconvénients. Il faut avoir la précaution de mettre les piles en fonction au moment où l'on veut s'éclairer, c'est-à-dire plonger les zincs dans le liquide pour les batteries ordinaires, ou bien ouvrir les robinets du réservoir si les piles sont à écoulement, et seulement lorsque l'on a besoin de lumière. Cette précaution est nécessaire avec les piles qui travaillent en circuit ouvert, sous peine de dépenser inutilement du zinc et augmenter le prix de revient; de plus lorsque l'on veut éteindre, il faut faire l'opération inverse, pour les mêmes raisons. Ces manœuvres sont une sujétion à laquelle on est obligé de s'astreindre et qu'il est difficile d'éviter si l'on veut les faire soi-même. Ce qu'il faut dans presque tous les cas, c'est obtenir instantanément de la lumière, quel que soit le moment où l'on en ait besoin en produisant un simple contact. Une réserve d'électricité peut seule satisfaire à cette condition et, à cet égard, l'emploi d'accumulateurs alimentés par des piles forme un ensemble complet qui satisfait aux exigences les plus variées, puisqu'il suffit de fermer un circuit pour obtenir de la lumière, sans avoir à se préoccuper de la manipulation des piles, on peut en outre obtenir, indépendamment de la manœuvre d'un commutateur à main, l'allumage ou l'extinction d'une lampe par tel moyen automatique que l'on désire; ouverture ou fermeture d'une porte, manœuvre d'un verrou... etc., et, grâce à cette facilité excessive, les problèmes les plus complexes en apparence exigés par des besoins locaux, où même des fantaisies, peuvent être résolus à l'aide de combinaisons très simples.

On conserve néanmoins l'inconvénient de la pile hydro-électrique, transvasement, renouvellement des liquides, mais on l'atténue; on n'est plus astreint à faire régulièrement ces manipulations ennuyeuses avant l'allumage; il suffit de remonter son liquide le matin ou le soir, ce qui peut être fait très rapidement, et le remplacement des zincs, renouvellement de liquides se fait à des époques assez éloignées, variant naturellement avec le travail que l'on demande aux accumulateurs, avec le nombre et la surface des éléments dont on dispose.

Les éléments au bichromate sont presque exclusivement employés tant pour leur grand débit que pour l'absence presque complète d'odeur pendant leur fonctionnement et la constance du courant obtenu.

Quelle lampe emploierons-nous, dans ce cas, pour produire la lumière. Il est bien évident que nous ne pouvons avoir recours à des foyers à arc qui exigent une trop grande force électromotrice et donnent une lumière beaucoup trop vive pour l'éclairage d'un appartement ordinaire, il faut recourir à l'emploi de lampes à incandescence de faible force électromotrice, pour ne pas augmenter outre mesure l'importance de la batterie de piles.

Maintenant que nous sommes fixés sur la nature du générateur et de la lampe à employer, examinons comment on peut satisfaire aux exigences de cet éclairage : mise en fonction des piles, graduation de la lumière... etc.

La première idée appliquée pour empêcher la perte inutile de zinc dans les piles au bichromate a été de retirer ce dernier du liquide excitateur; lorsque l'on n'a qu'un seul élément, comme dans la pile à bouteille de Grenet, on l'enlève à la main à l'aide d'une tige à laquelle il est relié; lorsque l'on veut commander une batterie de six piles, par

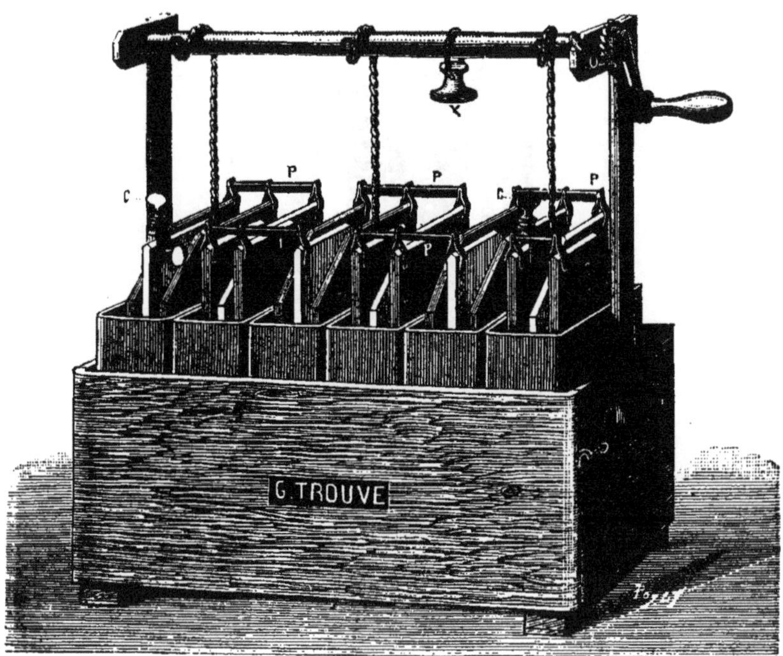

Fig. 1.

exemple, on relie à l'aide de cordes ou chaînettes comme l'a fait M. Trouvé (fig. 1) toutes les électrodes à un arbre que l'on fait mouvoir à l'aide d'une manivelle; on réalise ainsi un treuil très simple. Le mouvement de descente est empêché par un rochet; une butée X arrête les électrodes et ne leur permet pas de sortir complètement du vase.

M. Radiguet a relié toutes les électrodes à un seul support que l'on peut fixer à différentes hauteurs sur une tige centrale à l'aide d'une simple vis de pression, ou par butée sur crémaillère (fig. 2).

Dans ces deux cas, il est possible de graduer le débit, c'est-à-dire la lumière fournie par les lampes, en augmentant à volonté la surface des électrodes plongeant dans le liquide.

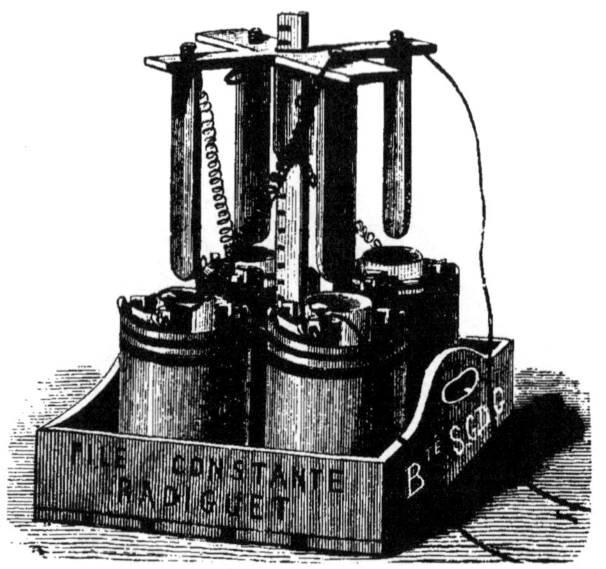

Fig. 2.

MM. Budin et Tricoche ont construit une pile à un liquide dans laquelle les électrodes sont portées par le couvercle du vase, le zinc peut être monté ou descendu à volonté pour graduer la lumière (fig. 3, 4, 5).

Dans les appareils dont nous venons de donner une description rapide, on obvie à la polarisation en ajoutant dans le liquide actif, une certaine quantité de bichromate de potasse ou de soude qui apporte la quantité d'oxygène nécessaire pour brûler l'hydrogène qui se fixe au négatif; mais les produits des réactions se mélangent à la liqueur, l'appauvrissent progressivement et le débit de la pile baisse de plus en plus ainsi que la lumière qui en est le résultat. Si l'on

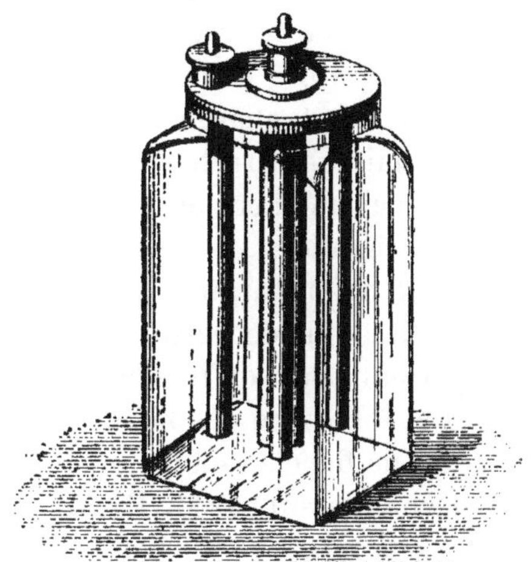

Fig. 3.

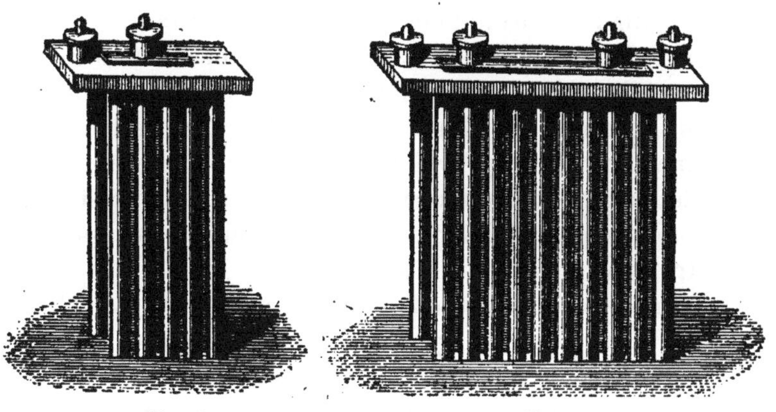

Fig. 4. Fig. 5.

renouvelle le liquide d'une façon constante, on supprime cet inconvénient. Il suffit de disposer les piles en gradin, les unes au-dessus des autres et de faire passer le liquide qui sort de la partie inférieure d'un élément à la partie supérieure du suivant et ainsi de suite. — Il faut avoir une quantité suffisante de liquide dans un réservoir placé au-dessus de la batterie, et le recueillir dans un récipient inférieur. Une batterie ainsi disposée peut marcher nuit et jour sans aucun arrêt, et charger des accumulateurs; si on l'emploie à l'éclairage direct, on est obligé d'ouvrir le robinet distributeur au moment où l'on veut s'éclairer pour obtenir un courant régulier.

Avec ce dispositif, la préparation de la liqueur de bichromate est facilitée, il suffit de jeter des cristaux de ce sel dans le vase supérieur pour qu'il s'en dissolve la quantité suffisante au fur et à mesure des besoins.

Un autre moyen de dépolarisation indiqué par M. Becquerel et appliqué dernièrement par M. Bazin, consiste à déplacer les électrodes et à ramener au contact de l'air les parties sur lesquelles l'hydrogène naissant vient de se déposer; dans ces conditions, il se combine à l'oxygène atmosphérique pour donner de l'eau et effectuer la dépolarisation.

Dans cette disposition, les électrodes sont montées sur un axe mobile mis en mouvement par un moteur quelconque, poids, ressort... etc. Dans la fig. 6, le moteur est une petite machine électrique, alimentée par l'un des éléments de la pile; comme ils sont au nombre de huit, il en reste sept disponibles pour alimenter le circuit sur lequel on peut mettre quatre lampes à incandescence.

Ce modèle subit actuellement des modifications intéressantes, dans le but d'augmenter son rendement et de diminuer d'une façon notable le prix de revient.

Jusqu'à présent, nous ne nous sommes occupés que des piles à un liquide contenant en dissolution le dépolarisant; on peut également employer les piles à deux liquides et à vase poreux; il paraissait plus difficile dans ce cas, de séparer les zincs et les liquides pendant le laps de temps où la pile était inactive et de les remettre en présence pour le fonctionnement, M. Radiguet a imaginé un dispositif qui

Fig. 6.

résout complètement ce problème; les vases poreux sont mobiles autour d'un axe et portent un prolongement non poreux capable de contenir le deuxième liquide. Dans la position représentée sur la fig. 7 les piles sont en fonction, les zincs plongent dans la solution, si l'on fait faire un quart de tour, c'est-à-dire que l'on renverse les vases, la partie

Fig. 7.

poreuse émerge du liquide, pendant que l'acide du poreux s'écoule dans la partie étanche, qui prend une position sensiblement verticale, et le zinc se trouve en dehors de toute action chimique, puisqu'il n'y a plus de liquide dans le vase qui le renferme.

On peut graduer le courant à volonté en faisant plonger plus ou moins les zincs au moyen d'un levier à crémaillère (fig. 7). Suivant les emplacements dont on dispose et l'importance de la batterie, les éléments sont côte à côte ou superposés par groupe de trois ou quatre.

CHAPITRE II

Des lampes à incandescence.

La lampe à incandescence est, comme l'on sait, l'appareil par excellence pour la division de la lumière; sa commodité d'emploi, son remplacement facile à la portée de tout le monde, l'absence complète de mécanisme et bien d'autres qualités spéciales à chaque application imposent son emploi pour l'éclairage domestique.

M. Géza Szarvady a établi récemment par des considérations purement théoriques que la section la plus avantageuse pour le charbon des lampes est la section circulaire, et que les plus économiques possèdent une faible résistance avec un pouvoir lumineux relativement élevé.

Les lampes les plus récentes qui satisfont à ces conditions sont les lampes Gérard et Cruto : les premières (fig. 8), par leur faible résistance se prêtent parfaitement à l'éclairage domestique et leur durée très grande les rend économiques.

Elles sont formées de charbons rectilignes obtenus en agglomérant et passant à la filière une poudre très fine de charbon spécial. Les tiges qui forment le filament sont réunies entre elles et aux fils conducteurs en platine par une pâte de charbon, qui assure un bon contact. Ce procédé permet de faire des lampes depuis 8 jusqu'à 800 et 1,000 bougies donnant une lumière comparable à celle d'un arc.

Le filament de la lampe fabriquée par M. Mildé (fig. 9) (exposée en France pour la première fois à l'Exposition de l'Observatoire de Paris), est obtenu d'une façon toute différente.

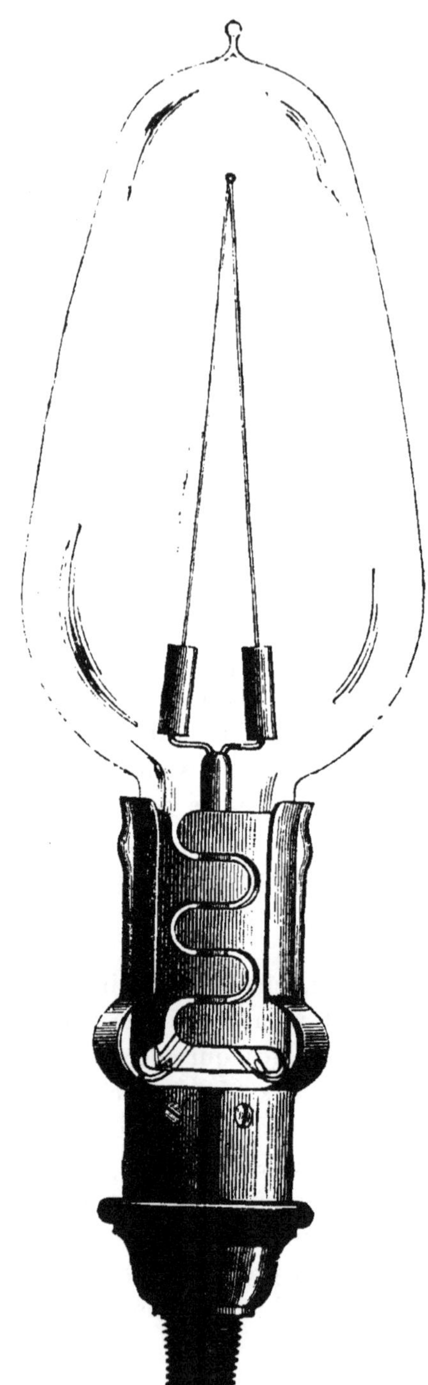

Fig. 8.

On porte au rouge par le passage d'un courant électrique, un fil de platine placé dans un carbure d'hydrogène ; sous l'action de la chaleur, il se produit une dissociation, et le charbon se dépose à la surface du platine. On continue

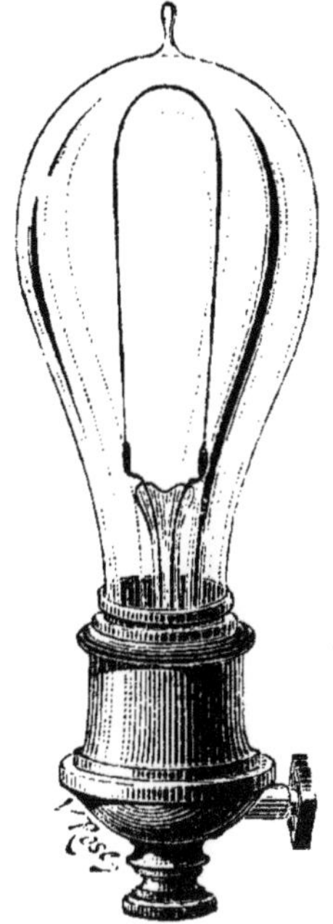

Fig. 9.

l'opération jusqu'au moment où le fil a la résistance voulue, c'est-à-dire jusqu'à ce que le dépôt de charbon ait atteint la grosseur voulue.

Il existe un grand nombre d'autres lampes à incandescence qui peuvent être appliquées dans ce cas ; les plus répandues sont celles d'Edison, de Swan... Elles sont trop connues pour que nous en fassions la description ici.

CHAPITRE III

Éclairage momentané, lampes portatives.

A côté de ces éclairages de durée qui ne peuvent dépasser une très faible quantité de lumière produite, sept ou huit lampes sont déjà un grand maximum, il existe d'autres applications intéressantes qui satisfont à des besoins tout différents.

Supposons, par exemple, une maison ou un appartement composé de plusieurs pièces communiquant entre elles, et dans lesquelles on a besoin de passer successivement; dès qu'on a quitté la pièce que l'on occupait, la lumière y devient inutile, tandis qu'il faut allumer la lampe de la pièce où l'on doit se rendre. Ces deux opérations peuvent se réaliser à l'aide de deux commutations successives; mais cette solution est défectueuse dans la pratique, il est plus commode de les réaliser en une seule fois : pour résoudre ce problème qui deviendra d'autant plus important que l'éclairage électrique sera plus répandu, M. Radiguet a combiné un allumeur-extincteur (fig. 10) qui remplit ces deux conditions et permet en outre de rallumer les lampes dans l'ordre inverse de leur extinction primitive. Supposons que l'on monte un escalier (voir le frontispice), on pourra produire la lumière devant soi et l'obscurité derrière en appuyant sur un bouton analogue aux boutons d'appels des sonneries. Si l'on descend, il sera possible d'allumer successivement les lampes à tous les étages, en se servant d'une autre série de boutons.

Ce résultat est obtenu en fermant les circuits d'électro-aimants placés en dérivation, dont les armatures commandent des contacts qui ferment le circuit ou l'interrompent.

Fig. 10.

Ce système se prête à de nombreuses applications. Il est certain cas, par exemple, lorsque l'on veut éclairer des emplacements dans lesquels on n'a pas de circuit installé; où l'on doit faire usage de lampes portatives, c'est-à-dire lampes qui contiennent, sous un volume et un poids restreints

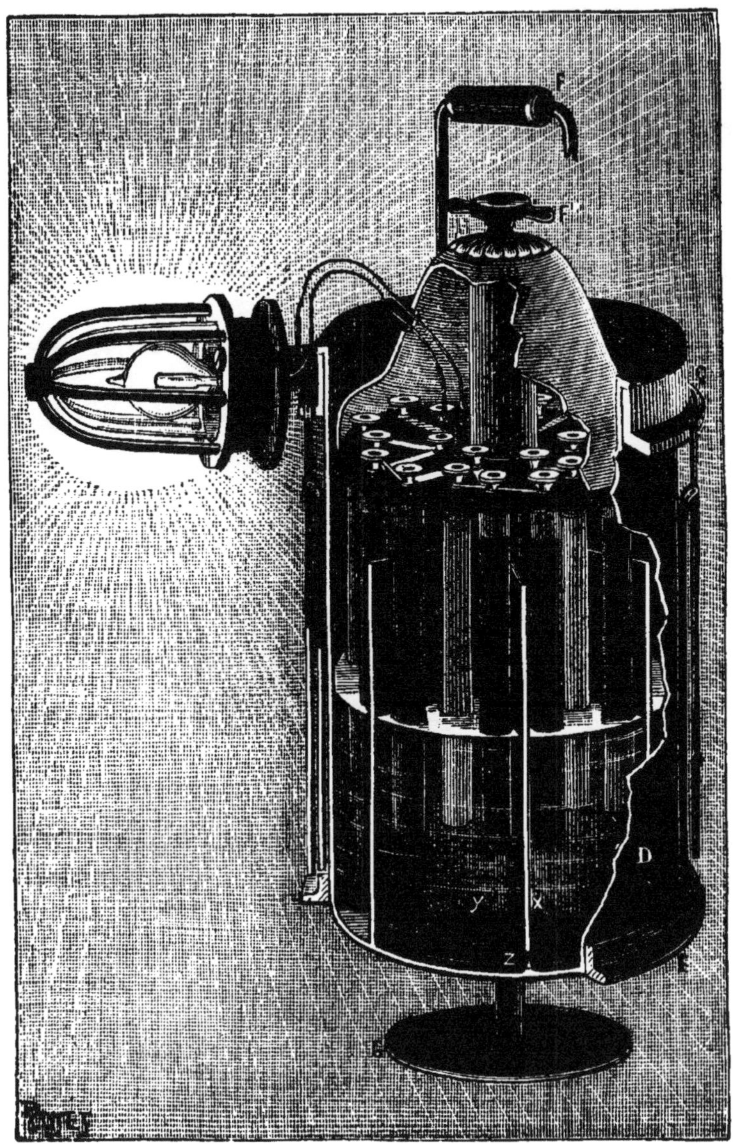

Fig. 11.

le nombre d'éléments suffisants pour maintenir une lampe allumée pendant une heure ou deux.

Les lampes de M. Trouvé (fig. 11) contiennent six éléments dont les six vases sont ménagés dans un cylindre en ébonite avec cloisons rayonnantes. Toutes les électrodes sont portées par un disque fixé à une tige qui traverse la pile et les soulève hors du liquide dès que l'on pose la lampe; pour l'allumer il suffit de la prendre à la main, les zincs et le

Fig. 12.

charbon tombent dans le liquide : il est possible, à l'aide d'une vis, de graduer la lumière depuis l'éclat d'une veilleuse jusqu'à quatre bougies.

M. Tricoche a établi un modèle analogue, composé de quatre des petits éléments que nous avons décrits ci-dessus, (fig. 12), renfermés dans une boite en acajou.

Signalons encore, et pour terminer, la lampe transportable de M. Larochelle dont la forme extérieure rappelle celle de nos lampes ordinaires d'appartement (fig. 13); elle contient huit piles formées par un vase cloisonné en ébonite, dans lequel viennent plonger les électrodes. Comme l'intensité de

Fig. 13.

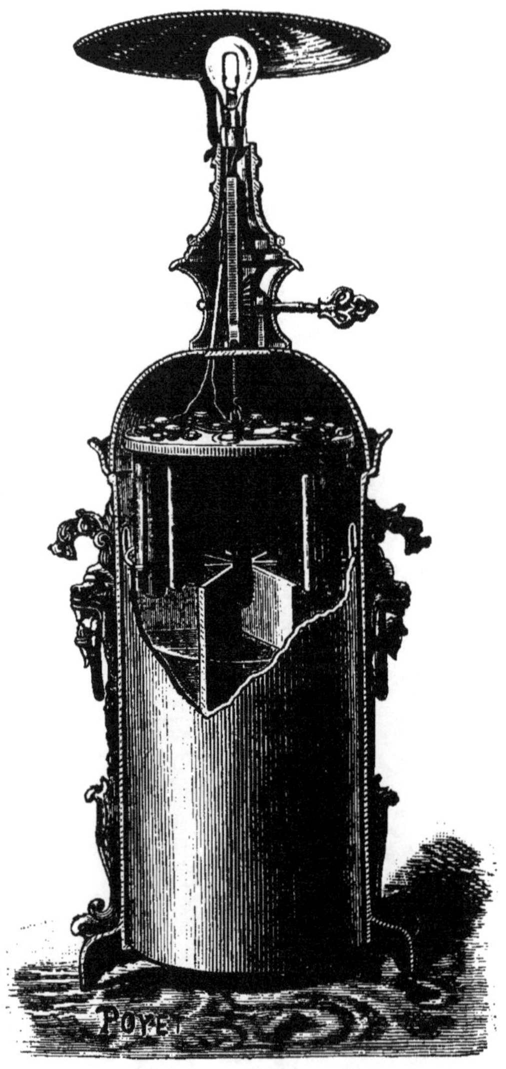

Fig. 14.

la lumière doit être variable, le disque portant les zincs et les charbons est suspendu à une vis qu'on manœuvre à l'aide d'une clef extérieure. L'appareil contient 3 litres de bichromate de chlorure de potassium, $HKCl,2CrO^3,HO$.

On change le liquide aisément en retirant le réservoir cylindrique en ébonite et les éléments, de la monture qui leur sert d'ornement. Le remplacement des zincs usés s'effectue aussi simplement. A cet effet, chaque crayon (fig. 14) est percé à son extrémité d'un trou fileté dans lequel vient s'engager une tige en laiton vissée elle-même sur le disque en ébonite supportant les éléments.

Le seul inconvénient que présente cette disposition est le danger d'inonder le parquet ou les tapis d'un liquide très corrosif, si l'on renverse la lampe par accident ou maladresse. Remarquons que si l'inconvénient est moindre avec les lampes à huile, il est cependant plus grand encore avec les lampes à pétrole, dont l'usage est cependant si répandu.

Cette lampe peut fournir un éclairage continu pendant six ou huit heures, en donnant une lumière suffisante aux besoins ordinaires d'un intérieur.

Elle est susceptible d'être diminuée et de devenir portative, mais cet avantage, si précieux qu'il puisse être, ne s'obtient qu'aux dépens de la durée.

En résumé, l'éclairage par les piles, le seul qui soit actuellement possible dans nos appartements, n'est praticable que sur une petite échelle; son prix de revient ne donnant pas encore une économie sur les autres modes d'éclairage, son emploi intéresse surtout l'amateur capable de l'installer, de le surveiller et de faire lui-même toutes les manipulations qu'exige l'entretien des piles; en dehors de ce cas et des éclairages de luxe, il ne saurait se généraliser.

Peut-être demain un inventeur nous apportera-t-il de toutes pièces la solution du problème, peut-être, au contraire, nous devrons l'attendre de longues années. Nous ne sommes pas assez bon prophète pour annoncer le jour où cet événement se produira, et de plus nous sommes obligés de reconnaître que nous ne devons voir actuellement dans la lampe électrique alimentée par des piles, qu'un simple objet de luxe d'un prix très modéré.

TABLE DES MATIÈRES

ANGERS, IMP. BURDIN ET Cie, RUE GARNIER.

EXTRAIT DE LA TABLE DES MATIÈRES

EXTRAIT DU CATALOGUE

J. BUCHETTI, ingénieur civil. *Guide pour l'essai des machines à vapeur et la production économique de la vapeur.* 1 beau volume in-8, environ 100 figures et diagrammes . . 15 fr.

CH. BRISSE, professeur au Lycée Condorcet, et CH. RIVIÈRE, professeur au Lycée St-Louis. *Cours de Physique à l'usage des élèves de la classe de Mathématiques spéciales*, 2e édition entièrement conforme au dernier programme d'admission à l'Ecole Polytechnique. 1 beau volume in-8, plus de 600 pages et 500 figures . . . . 15 fr.

CH. CHAMBERLAND, député du Jura, directeur du laboratoire de M. PASTEUR. *La Vaccination Charbonneuse*, d'après les récents travaux de M. PASTEUR. 1 beau volume in-8, avec figures. . . . . 5 fr.

FLAMACHE et HUBERTI. *Traité d'Exploitation des chemins de fer.* Ire partie, voie, route, appareils de la voie. 1 beau volume in-8, figures et 23 planches hors texte . . . 25 fr.
Le deuxième volume est sous presse et paraîtra incessamment.

LELOUTRE. *Les Transmissions par courroies, cordes et câbles métalliques.* 1 beau volume gr. in-8, planches . . . 14 fr.

LIEBERT. *Traité complet de Photographie pratique*, contenant les découvertes les plus récentes, 4e édition, 1884. 1 beau volume contenant de nombr. figures et spécimens photogr., cartonnage anglais . . . . 25 fr.

RÉVÉREND. *Annuaire de l'Electricité*, nouvelle édition augmentée des Notes et Formules de l'Electricien, in-8, cart. 1885 . . . . 10 fr.

W. H. UHLAND, ingénieur civil, et JARRY, ingénieur des Arts et Manufactures. *Traité des Machines à vapeur avec distribution par tiroirs sans mécanismes de précision*, exposé du développement des progrès et des principes de construction de ces machines. 1 volume in-4, et atlas de 40 planches doubles et 20 planches in-4. . . . . 50 fr.

ANGERS, IMP. BURDIN ET Cie, RUE GARNIER, 4

www.ingramcontent.com/pod-product-compliance
Ingram Content Group UK Ltd.
Pitfield, Milton Keynes, MK11 3LW, UK
UKHW021648260726
13994UKWH00003B/1349